AF511102

Sitzungsberichte

der

Heidelberger Akademie der Wissenschaften

Stiftung Heinrich Lanz

Mathematisch-naturwissenschaftliche Klasse

* *Im Verlag von Carl Winters Universitätsbuchhandlung in Heidelberg erschienen:*

Abteilung A. Mathematisch-physikalische Wissenschaften.

Jahrgang 1921

1. FRANZEN, H. Über die chem Bestandteile grüner Pflanzen. **12.** Mitteilung: Über die flüchtigen Bestandteile der Eichenblätter.
2. KÖNIGSBERGER, L. Über partielle Differentialgleichungen erster Ordnung.
3. HEFFTER, L., und W. STOLLENWERK. Über Scharen gleichberechtigter Koordinatensysteme. Mit 3 Textabbildungen.
4. PERRON, OSKAR. Über die Approximation irrationaler Zahlen durch rationale. I.
5. LIEBMANN, HEINRICH. Der geometrische Aufbau der Bäcklundschen Transformation.
6. EISENHUT, O. Über Kathodenstrahlintensitätsmessung durch feste Kondensatoren.
7. KÖNIGSBERGER, LEO. Über vollständige Integrale partieller Differentialgleichungen erster Ordnung.
8. PERRON, OSKAR. Über die Approximation irrationaler Zahlen durch rationale. II.
9. LIEBMANN, HEINRICH. Flächen mit einer vorgeschriebenen Schar geodätischer Parallelkurven.
10. BALDUS, RICHARD. Über die Flächen, welche die Strahlen eines Bündels unter festem Winkel schneiden.
11. KÖNIGSBERGER, LEO. Die Erweiterung des Helmholtzschen Princips von der verborgenen Bewegung und den unvollständigen Problemen auf kinetische Potentiale beliebiger Ordnung.

Abteilung B. Biologische Wissenschaften.

Jahrgang 1921.

1. KOSSEL, A. Über die Beziehungen der Biochemie zu den morphologischen Wissenschaften.

PREISE WERDEN AUF ANFRAGE MITGETEILT

---

* Bestellungen auf solche Veröffentlichungen der math.-naturw. Klasse, welche früher im Verlag von Carl Winters Universitätsbuchhandlung in Heidelberg erschienen sind nimmt auch der Verlag Walter de Gruyter & Co., Berlin, entgegen.

Sitzungsberichte
der Heidelberger Akademie der Wissenschaften
Stiftung Heinrich Lanz
Mathematisch-naturwissenschaftliche Klasse
Jahrgang 1925. 13. Abhandlung.

Über geodätische rhombische Kurvennetze auf krummen Flächen, insbesondere auf Flächen konstanter Krümmung.

Herrn Geheimen Rat
Professor Dr. Aurel Voß in München
zur Vollendung seines achtzigsten Lebensjahres am 7. Dezember 1925
verehrungsvollst gewidmet von

Otto Volk
in Kaunas (Litauen).

Vorgelegt von Herrn Liebmann in der Sitzung vom 14. November 1925.

Berlin und Leipzig 1925
Walter de Gruyter & Co.
vormals G. J. Göschen'sche Verlagshandlung / J. Guttentag, Verlagsbuchhandlung / Georg Reimer / Karl J. Trübner / Veit & Comp.

Über geodätische rhombische Kurvennetze auf krummen Flächen, insbesondere auf Flächen konstanter Krümmung.

Die Frage nach rhombischer Teilung der Flächen rührt von Herrn Voss her.[1]) Neben vielen andern Sätzen hat Herr Voss den Satz bewiesen, daß eine geodätische rhombische Teilung nur auf Liouvilleschen Flächen möglich ist[2]), einen Satz, den Herr Lagally[3]) in anderer Weise und kürzlich Herr Perron[4]) aufs neue, offenbar ohne Kenntnis der Vossschen und Lagallyschen Arbeit, in fast ganz gleicher Weise bewiesen haben. Herr Perron hat in seiner letzten Abhandlung auch die Flächen konstanten Krümmungsmaßes behandelt, indem er die Kugel (als Fläche positiver konstanter Krümmung) und die Pseudosphäre (als Fläche negativer konstanter Krümmung) untersucht. In beiden Fällen macht Herr Perron verschiedene Ansätze, wobei er aber immer wieder auf die von ihm im Falle der Ebene erhaltene Funktionalgleichung zurückkommt. Im folgenden wird ein anderer, allgemeiner Weg eingeschlagen, indem zunächst für eine beliebige Liouvillesche Fläche die Untersuchungen durchgeführt und erst nachträglich als Beispiele die Flächen konstanter Krümmung betrachtet werden. Letztere lassen sich so ganz allgemein und im speziellen — es werden ebenfalls die Kugel und die Pseudosphäre

---

[1]) Vgl. A. Voss, Über ein neues Prinzip der Abbildung krummer Flächen Math. Annal. Bd. 19 (1881), S. 1—26; Über aequidistante Kurvensysteme auf krummen Flächen. Katalog der math. Ausstellung zu Nürnberg. 1892. S. 1—11; Über diejenigen Flächen, welche durch zwei Scharen von Kurven konstanter geodätischer Krümmung in infinitesimale Rhomben zerlegt werden. Sitzungsber. d. bayr. Akad. der Wiss. math.-phys. Kl. Bd. 36 (1906), S. 247—296; Kurvennetze und Laplacesche partielle Differentialgleichungen. Ebenda. 1924. S. 39—68. Vgl. auch O. Volk, Nachträgliche Bemerkung zu der Note: Geradlinige rhombische Kurvennetze. Ebenda. 1925. S. 39 f.

[2]) Vgl. Sitzungsberichte der bayr. Akad. d. Wiss. 1906, S. 269.

[3]) Vgl. M. Lagally, Über die Verbiegung geodätischer Netze. Sitzungsberichte der bayr. Akad. d. Wiss. math.-phys. Kl. 1910 (10. Abhandlung).

[4]) Vgl. O. Perron, Über geodätische rhombische Netze auf krummen Flächen. Math. Zeitschrift. Bd. 24 (1925), S. 178 ff.

betrachtet — behandeln. Die angewandte Methode besteht in einer Verallgemeinerung des Ansatzes, den Herr Voss[1]) bei der Bestimmung von isogonalen Netzen machte und den ich bei der von mir zuerst[2]) vollständig durchgeführten Behandlung der Frage nach allen geradlinigen rhombischen Netzen einer Ebene ebenfalls anwandte.

§ 1.
Die allgemeinsten rhombischen Systeme.

Sollen die Kurven $u = \text{const.}$ und $v = \text{const.}$ ein rhombisches Kurvennetz bilden, so muß sein:

$$(1)\qquad x_u^2 + y_u^2 + z_u^2 = x_v^2 + y_v^2 + z_v^2.$$

Setzt man:

$$(2)\qquad \begin{cases} y_u = p\,x_u, & y_v = q\,x_v, \\ z_u = r\,x_u, & z_v = s\,x_v, \end{cases}$$

so muß also sein:

$$(3)\qquad (1 + p^2 + r^2)\, x_u^2 = (1 + q^2 + s^2)\, x_v^2.$$

Die Integrabilitätsbedingungen von (2) geben:

$$(4)\qquad (p - q)\, x_{uv} + p_v x_u - q_u x_v = 0,$$

$$(5)\qquad (r - s)\, x_{uv} + r_v x_u - s_u x_v = 0.$$

Aus (3) und (4) oder (3) und (5) erhält man:

$$(6)\qquad \lg x_u = -\lg \sqrt{\frac{1+p^2+r^2}{1+q^2+s^2}} + \int \left[\left(q_u - p_v \sqrt{\frac{1+q^2+s^2}{1+p^2+r^2}}\right) \frac{du}{p-q} - \left(p_v - q_u \sqrt{\frac{1+p^2+r^2}{1+q^2+s^2}}\right) \frac{dv}{p-q}\right],$$

$$(7)\qquad \lg x_v = -\lg \sqrt{\frac{1+q^2+s^2}{1+p^2+r^2}} + \int \left[\left(q_u - p_v \sqrt{\frac{1+q^2+s^2}{1+p^2+r^2}}\right) \frac{du}{p-q} - \left(p_v - q_u \sqrt{\frac{1+q^2+s^2}{1+p^2+r^2}}\right) \frac{dv}{p-q}\right]$$

mit der Bedingung:

---

[1]) Vgl. A. Voss, Kurvennetze und Laplacesche partielle Differentialgleichungen. Zweiter Teil. Sitzungsberichte der bayr. Akad. d. Wiss. math.-phys. Kl. 1924, S. 103—113.

[2]) Vgl. O. Volk, Zur Vossschen Arbeit: Kurvennetze und Laplacesche partielle Differentialgleichungen. Sitzungsber. d. bayr. Akad. d. Wiss. math.-phys. Kl. 1924, S. 165—179; Geradlinige rhombische Kurvennetze. Ebenda. 1925. S. 35—38. Herr Perron sieht in der in Anmerkung 4 S. 3 genannten Abhandlung von einem Hinweis auf meine Arbeit ab, obwohl er erst durch das Manuskript meiner ersten Abhandlung veranlaßt sich mit dieser Frage beschäftigte. Es mag auch bemerkt sein, daß ich mich unabhängig von der letzten Arbeit des Herrn Perron mit dem Folgenden beschäftigt habe.

$$(8)\qquad \frac{p_v}{p-q} - \frac{r_v}{r-s} = \left(\frac{q_u}{p-q} - \frac{s_u}{r-s}\right)\sqrt{\frac{1+p^2+r^2}{1+q^2+s^2}}.$$

Die Integrabilität von (6) und (7) erfordert:

$$(9)\qquad \frac{\partial}{\partial v}\left(\frac{q_u\sqrt{1+p^2+r^2}-p_v\sqrt{1+q^2+s^2}}{(p-q)\sqrt{1+p^2+r^2}}\right)=\frac{\partial}{\partial u}\left(\frac{q_u\sqrt{1+p^2+r^2}-p_v\sqrt{1+q^2+s^2}}{(p-q)\sqrt{1+q^2+s^2}}\right).$$

Gelingt es, die beiden Gleichungen (8) und (9) zu lösen, so hat man alle rhombischen Kurvennetze auf einer Fläche bestimmt.

§ 2.

Flächen mit geodätischen rhombischen Netzen.

Die Kurven $u = \text{const.}$ und $v = \text{const.}$ sind geodätische Linien, wenn die Fundamentalgrößen e, f, g die Gleichungen erfüllen:

$$(10)\qquad \begin{cases} \dfrac{\partial}{\partial u}(\sqrt{g}) - \dfrac{\partial}{\partial v}\left(\dfrac{f}{\sqrt{g}}\right) = 0, \\[2ex] \dfrac{\partial}{\partial v}(\sqrt{e}) - \dfrac{\partial}{\partial u}\left(\dfrac{f}{\sqrt{e}}\right) = 0. \end{cases}$$

Nun ist für rhombische Netze:

$$e = g,$$

folglich:

$$\frac{\partial}{\partial u}(\sqrt{e}) - \frac{\partial}{\partial v}\left(\frac{f}{\sqrt{e}}\right) = 0$$

$$\frac{\partial}{\partial v}(\sqrt{e}) - \frac{\partial}{\partial u}\left(\frac{f}{\sqrt{e}}\right) = 0$$

oder:

$$\frac{\partial^2}{\partial u^2}(\sqrt{e}) = \frac{\partial^2}{\partial v^2}(\sqrt{e}).$$

Es wird also, wenn F eine Funktion nur von $(u+v)$, Φ eine solche nur von $u-v$ bezeichnet:

$$(11)\qquad \begin{cases} \sqrt{e} = x_u\sqrt{1+p^2+r^2} = x_v\sqrt{1+q^2+s^2} = F(u+v) - \Phi(u-v), \\ f = F^2 - \Phi^2. \end{cases}$$

Das Linienelement ds hat also die Form:

$$\begin{aligned} ds^2 &= (F-\Phi)\,((F-\Phi)(du^2+dv^2) + 2(F+\Phi)\,du\,dv) \\ &= (F-\Phi)\,(F(du+dv)^2 - \Phi\,(du-dv)^2), \end{aligned}$$

woraus man sofort den schon von Herrn Voss[1]) abgeleiteten Satz erkennt, daß eine rhombische Teilung durch geodätische Netze nur auf Liouvilleschen Flächen möglich ist.

[1]) Vgl. Anmerkung 2 auf S. 3.

Es wird nun:

$$(12)\quad \begin{cases} x_u = \dfrac{F-\Phi}{\sqrt{1+p^2+r^2}}, & y_u = \dfrac{(F-\Phi)\,p}{\sqrt{1+p^2+r^2}}, \quad z_u = \dfrac{(F-\Phi)\,r}{\sqrt{1+p^2+r^2}}, \\ x_v = \dfrac{F-\Phi}{\sqrt{1+q^2+s^2}}, & y_v = \dfrac{(F-\Phi)\,q}{\sqrt{1+q^2+s^2}}, \quad z_v = \dfrac{(F-\Phi)\,s}{\sqrt{1+q^2+s^2}}. \end{cases}$$

Setzt man:

$$\cos\alpha = \frac{1}{\sqrt{1+p^2+r^2}}, \quad \cos\beta = \frac{p}{\sqrt{1+p^2+r^2}}, \quad \cos\gamma = \frac{r}{\sqrt{1+p^2+r^2}},$$

$$\cos\lambda = \frac{1}{\sqrt{1+q^2+s^2}}, \quad \cos\mu = \frac{q}{\sqrt{1+q^2+s^2}}, \quad \cos\nu = \frac{s}{\sqrt{1+q^2+s^2}},$$

so sind $\alpha, \beta, \gamma; \lambda, \mu, \nu$ die Winkel, die die Tangenten der Kurven $v = \text{const.}$ bzw. $u = \text{const.}$ mit den Achsen einschließen; die Gleichungen (12) schreiben sich dann in der Form:

$$(13)\quad \begin{cases} x_u = (F-\Phi)\cos\alpha, \quad y_u = (F-\Phi)\cos\beta, \quad z_u = (F-\Phi)\cos\gamma, \\ x_v = (F-\Phi)\cos\lambda, \quad y_v = (F-\Phi)\cos\mu, \quad z_v = (F-\Phi)\cos\nu. \end{cases}$$

Die Integrabilitätsbedingungen verlangen nun:

$$\frac{\partial}{\partial v}((F-\Phi)\cos\alpha) = \frac{\partial}{\partial u}((F-\Phi)\cos\lambda),$$

$$\frac{\partial}{\partial v}((F-\Phi)\cos\beta) = \frac{\partial}{\partial u}((F-\Phi)\cos\mu),$$

$$\frac{\partial}{\partial v}((F-\Phi)\cos\gamma) = \frac{\partial}{\partial u}((F-\Phi)\cos\nu)$$

oder ausgerechnet:

$$(14)\quad \begin{cases} (F'+\Phi')\cos\alpha - (F'-\Phi')\cos\lambda = (F-\Phi)\left(\dfrac{\partial}{\partial u}(\cos\lambda) - \dfrac{\partial}{\partial v}(\cos\alpha)\right), \\ (F'+\Phi')\cos\beta - (F'-\Phi')\cos\mu = (F-\Phi)\left(\dfrac{\partial}{\partial u}(\cos\mu) - \dfrac{\partial}{\partial v}(\cos\beta)\right). \\ (F'+\Phi')\cos\gamma - (F'-\Phi')\cos\nu = (F-\Phi)\left(\dfrac{\partial}{\partial u}(\cos\nu) - \dfrac{\partial}{\partial v}(\cos\gamma)\right). \end{cases}$$

Ist ϑ der Winkel, den die Kurven $u = \text{const.}$ und $v = \text{const.}$ miteinander bilden, so ist:

$$(15)\quad \cos\vartheta = \frac{F-\Phi}{F+\Phi}.$$

Schreibt man diese Gleichung in der Form:

$$(F+\Phi)\cos\vartheta = F-\Phi,$$

so erhält man durch partielle Differentiation nach u und v:

$$(16)\quad \begin{cases} (F'-\Phi')\cos\vartheta - (F-\Phi)\sin\vartheta\cdot\vartheta_u = F'+\Phi', \\ (F'+\Phi')\cos\vartheta - (F-\Phi)\sin\vartheta\cdot\vartheta_v = F'-\Phi'. \end{cases}$$

Hieraus ergibt sich:

$$\frac{F'-\Phi'}{F-\Phi}=\frac{\partial}{\partial u}(\lg(F-\Phi))=-\frac{\vartheta_v}{\sin\vartheta}-\frac{\partial}{\partial u}(\lg\sin\vartheta),$$

$$\frac{F'+\Phi'}{F-\Phi}=\frac{\partial}{\partial v}(\lg(F-\Phi))=-\frac{\vartheta_u}{\sin\vartheta}-\frac{\partial}{\partial v}(\lg\sin\vartheta).$$

Die Integrabilitätsbedingung gibt dann:

$$\frac{\partial}{\partial u}\left(\frac{\vartheta_u}{\sin\vartheta}\right)=\frac{\partial}{\partial v}\left(\frac{\vartheta_v}{\sin\vartheta}\right)$$

oder:

$$\vartheta_{uu}-\vartheta_{vv}=(\vartheta_v{}^2-\vartheta_u{}^2)\cos\vartheta, \tag{17}$$

und es wird:

$$\lg(F-\Phi)=-\lg\sin\vartheta-\int\frac{\vartheta_v\,du+\vartheta_u\,dv}{\sin\vartheta}. \tag{18}$$

Multipliziert man die Gleichungen (14) mit $\cos\alpha$, $\cos\beta$, $\cos\gamma$ bzw. mit $\cos\lambda$, $\cos\mu$, $\cos\nu$ und addiert, so erhält man:

$$(F'+\Phi')-(F'-\Phi')\cos\vartheta=(F-\Phi)\left\{\cos\alpha\cdot\frac{\partial}{\partial u}(\cos\lambda)+\cos\beta\cdot\frac{\partial}{\partial u}(\cos\mu)+\cos\gamma\,\frac{\partial}{\partial u}(\cos\nu)\right\},$$

$$(F'+\Phi')\cos\vartheta-F'-\Phi'=-(F-\Phi)\left\{\cos\lambda\,\frac{\partial}{\partial v}(\cos\alpha)+\cos\mu\cdot\frac{\partial}{\partial v}(\cos\beta)+\cos\nu\,\frac{\partial}{\partial v}(\cos\nu)\right\}.$$

Durch Vergleich dieser beiden Gleichungen mit den Gleichungen (16) erhält man die folgenden Gleichungen:

$$\text{(19)}\quad\begin{cases}\dfrac{\partial}{\partial u}(\cos\vartheta)=\cos\alpha\cdot\dfrac{\partial}{\partial u}(\cos\lambda)+\cos\beta\cdot\dfrac{\partial}{\partial u}(\cos\mu)+\cos\gamma\cdot\dfrac{\partial}{\partial u}(\cos\nu),\\[2ex]\dfrac{\partial}{\partial v}(\cos\vartheta)=\cos\lambda\cdot\dfrac{\partial}{\partial v}(\cos\alpha)+\cos\mu\cdot\dfrac{\partial}{\partial v}(\cos\beta)+\cos\nu\cdot\dfrac{\partial}{\partial v}(\cos\gamma).\end{cases}$$

$$\text{(20)}\quad\begin{cases}\cos\alpha\cdot\dfrac{\partial}{\partial v}(\cos\lambda)+\cos\beta\cdot\dfrac{\partial}{\partial v}(\cos\mu)+\cos\gamma\cdot\dfrac{\partial}{\partial v}(\cos\nu)=0,\\[2ex]\cos\lambda\cdot\dfrac{\partial}{\partial u}(\cos\alpha)+\cos\mu\cdot\dfrac{\partial}{\partial u}(\cos\beta)+\cos\nu\cdot\dfrac{\partial}{\partial u}(\cos\gamma)=0.\end{cases}$$

Führt man in den Gleichungen (14) ϑ ein, so ergibt sich:

$$\text{(21)}\quad\begin{cases}\dfrac{\partial}{\partial v}\left(\dfrac{\cos\alpha}{\sin\vartheta}\right)-\dfrac{\partial}{\partial u}\left(\dfrac{\cos\lambda}{\sin\vartheta}\right)=\cos\lambda\cdot\dfrac{\partial}{\partial v}(\operatorname{cotg}\vartheta)-\cos\alpha\,\dfrac{\partial}{\partial u}(\operatorname{cotg}\vartheta),\\[2ex]\dfrac{\partial}{\partial v}\left(\dfrac{\cos\beta}{\sin\vartheta}\right)-\dfrac{\partial}{\partial u}\left(\dfrac{\cos\mu}{\sin\vartheta}\right)=\cos\mu\cdot\dfrac{\partial}{\partial v}(\operatorname{cotg}\vartheta)-\cos\beta\,\dfrac{\partial}{\partial u}(\operatorname{cotg}\vartheta),\\[2ex]\dfrac{\partial}{\partial v}\left(\dfrac{\cos\gamma}{\sin\vartheta}\right)-\dfrac{\partial}{\partial u}\left(\dfrac{\cos\nu}{\sin\vartheta}\right)=\cos\nu\cdot\dfrac{\partial}{\partial v}(\operatorname{cotg}\vartheta)-\cos\gamma\,\dfrac{\partial}{\partial u}(\operatorname{cotg}\vartheta).\end{cases}$$

Endlich erkennt man leicht, daß die Gleichungen (14) oder (21) nicht unabhängig voneinander sind. Man braucht nur die erste mit $\cos\alpha$, die zweite mit $\cos\beta$ zu multiplizieren und zu addieren; unter Beachtung der Gleichungen (15), (19) und (20) erhält man so die dritte Gleichung.

Ist nun eine Fläche gegeben etwa durch die Gleichung

$$\varphi(x, y, z) = 0, \tag{22}$$

so müssen zwischen $\cos\alpha$, $\cos\beta$, $\cos\gamma$, $\cos\lambda$, $\cos\mu$, $\cos\nu$ und den Koordinaten x, y, z die folgenden Beziehungen bestehen (Bedingung, daß die Tangenten der Kurven u = const. und v = const. auf der Flächennormale senkrecht stehen):

$$\begin{cases} \varphi'_x \cos\alpha + \varphi'_y \cos\beta + \varphi'_z \cos\gamma = 0, \\ \varphi'_x \cos\lambda + \varphi'_y \cos\mu + \varphi'_z \cos\nu = 0. \end{cases} \tag{23}$$

Aus diesen Gleichungen und der Gleichung (22) sind x, y, z als Funktionen von $\cos\alpha$, $\cos\beta$, $\cos\gamma$, $\cos\lambda$, $\cos\mu$, $\cos\nu$ bestimmt. Durch Differentiation von x, y, z nach u und v und Verbindung dieser Gleichungen mit den Gleichungen (13) und den aus den letzteren abgeleiteten hat man schließlich die Größen $\cos\alpha$, $\cos\beta$, $\cos\gamma$, $\cos\lambda$, $\cos\mu$, $\cos\nu$ zu bestimmen. Wie das geschehen kann, zeigen wir an dem Beispiele der Kugel und der Pseudosphäre. Von der Ebene sehen wir ab, obwohl sie sich auch leicht in dieser Weise behandeln ließe, da ich ja diese Frage bereits in direkter Weise nach § 1 behandelt habe (vgl. bayr. Akad. d. Wiss. 1925, S. 35—38).

§ 3.
Die Kugel.

Die Gleichung der Kugel sei:

$$x^2 + y^2 + z^2 - r^2 = 0. \tag{24}$$

Die Gleichungen (23) lauten nun:

$$\begin{cases} x \cos\alpha + y \cos\beta + z \cos\gamma = 0, \\ x \cos\lambda + y \cos\mu + z \cos\nu = 0. \end{cases} \tag{25}$$

Aus (24) und (25) findet man leicht:

$$\begin{cases} x = \dfrac{r(\cos\beta\cos\nu - \cos\gamma\cos\mu)}{\sin\vartheta} \\ y = \dfrac{r(\cos\gamma\cos\lambda - \cos\alpha\cos\nu)}{\sin\vartheta} \\ z = \dfrac{r(\cos\alpha\cos\mu - \cos\beta\cos\lambda)}{\sin\vartheta} \end{cases} \tag{26}$$

Es wird also:

$$x_u = \frac{r}{\sin\vartheta}\left\{\cos\nu\frac{\partial}{\partial u}(\cos\beta) + \cos\beta\frac{\partial}{\partial u}(\cos\nu) - \cos\gamma\frac{\partial}{\partial u}(\cos\mu) - \cos\mu\frac{\partial}{\partial u}(\cos\gamma)\right\}$$
$$+ r(\cos\beta\cos\nu - \cos\gamma\cos\mu)\frac{\partial}{\partial u}\left(\frac{1}{\sin\vartheta}\right),$$

$$y_u = \frac{r}{\sin\vartheta}\left\{\cos\lambda\frac{\partial}{\partial u}(\cos\gamma) + \cos\gamma\frac{\partial}{\partial u}(\cos\lambda) - \cos\alpha\frac{\partial}{\partial u}(\cos\nu) - \cos\nu\frac{\partial}{\partial u}(\cos\alpha)\right\}$$
$$+ r(\cos\gamma\cos\lambda - \cos\alpha\cos\nu)\frac{\partial}{\partial u}\left(\frac{1}{\sin\vartheta}\right).$$

Nun ist infolge der Gleichungen (13):

$$x_u\cos\beta - y_u\cos\alpha = 0;$$

durch eine kleine Rechnung erhält man hieraus unter Beachtung der Gleichungen (20):

$$\frac{\partial}{\partial u}\left(\frac{\cos\nu - \cos\vartheta\cos\gamma}{\sin\vartheta}\right) = 0$$

folglich:

$$\text{(27a)}\qquad \frac{\cos\nu - \cos\vartheta\cdot\cos\gamma}{\sin\vartheta} = V_1,$$

wo V_1 eine willkürliche Funktion nur von v ist. In ganz analoger Weise erhält man aus der Gleichung:

$$x_v\cos\mu - y_v\cos\lambda = 0$$

die weitere Gleichung:

$$\text{(28a)}\qquad \frac{\cos\gamma - \cos\vartheta\cdot\cos\nu}{\sin\vartheta} = U_1,$$

wo U_1 eine willkürliche Funktion nur von u ist.[1])

In der gleichen Weise findet man aus den Gleichungen:

$$x_u\cos\gamma - z_u\cos\alpha = 0,\ x_v\cos\gamma - z_v\cos\alpha = 0,$$
$$y_u\cos\gamma - z_u\cos\beta = 0,\ y_v\cos\gamma - z_v\cos\beta = 0$$

die entsprechenden Gleichungen für $\cos\beta$, $\cos\mu$, $\cos\alpha$, $\cos\lambda$:

$$\text{(27b)}\qquad \frac{\cos\mu - \cos\vartheta\cos\beta}{\sin\vartheta} = V_2,$$

$$\text{(28b)}\qquad \frac{\cos\beta - \cos\vartheta\cos\mu}{\sin\vartheta} = U_2,$$

$$\text{(27c)}\qquad \frac{\cos\lambda - \cos\vartheta\cos\alpha}{\sin\vartheta} = V_3,$$

$$\text{(28c)}\qquad \frac{\cos\alpha - \cos\vartheta\cos\lambda}{\sin\vartheta} = U_3.$$

[1]) Die Gleichungen (27a) und (28a) treten bei allen Rotationsflächen $z = f(\sqrt{x^2 + y^2})$ auf; es tritt nur an Stelle von $\sin\vartheta$ im Nenner ein anderer Faktor.

So erhält man schließlich:

$$(29)\quad \begin{cases} \cos\alpha = \dfrac{U_3+V_3\cos\vartheta}{\sin\vartheta}, & \cos\beta = \dfrac{U_2+V_2\cos\vartheta}{\sin\vartheta}, \quad \cos\gamma = \dfrac{U_1+V_1\cos\vartheta}{\sin\vartheta}; \\ \cos\lambda = \dfrac{V_3+U_3\cos\vartheta}{\sin\vartheta}, & \cos\mu = \dfrac{V_2+U_2\cos\vartheta}{\sin\vartheta}, \quad \cos\nu = \dfrac{V_1+U_1\cos\vartheta}{\sin\vartheta}. \end{cases}$$

Um nun die noch willkürlichen Funktionen U, V zu bestimmen, machen wir Gebrauch von der Tatsache, daß die Gleichungen (14) nicht unabhänig voneinander sind, daß also die Determinante:

$$\begin{vmatrix} \cos\alpha & \cos\lambda & \dfrac{\partial}{\partial u}(\cos\lambda) - \dfrac{\partial}{\partial v}(\cos\alpha) \\ \cos\beta & \cos\mu & \dfrac{\partial}{\partial u}(\cos\mu) - \dfrac{\partial}{\partial v}(\cos\beta) \\ \cos\gamma & \cos\nu & \dfrac{\partial}{\partial u}(\cos\nu) - \dfrac{\partial}{\partial v}(\cos\gamma) \end{vmatrix}$$

verschwinden muß. Setzt man für die einzelnen Glieder die entsprechenden Werte aus (29) ein, so erhält man nach einer leichten Umformung:

$$\begin{vmatrix} V_3 & U_3 & U'_3 - V'_3 \\ V_2 & U_2 & U'_2 - V'_2 \\ V_1 & U_1 & U'_1 - V'_1 \end{vmatrix} = 0.$$

oder ausgerechnet:

$$(30)\quad \begin{aligned} & V_1(U_2' U_3 - U_2 U_3') + V_2(U_1 U_3' - U_1' U_3) + V_3(U_1' U_2 - U_1 U_2') \\ & + U_1(V_2' V_3 - V_2 V_3') + U_2(V_1 V_3' - V_1' V_3) + U_3(V_1' V_2 - V_1 V_2') = 0. \end{aligned}$$

Außerdem muß, wie man durch Quadrieren und Addieren der Gleichungen (27) bzw. (28) leicht erkennt, sein[1]):

$$(31)\qquad U_1^2 + U_2^2 + U_3^2 = 1, \quad V_1^2 + V_2^2 + V_3^2 = 1.$$

Die Funktionalgleichung (30), die in die von Herrn Perron in seiner Note: Bestimmung aller geradlinigen rhombischen Netze[2]) auf S. 183 bis 193 behandelte übergeht, wenn man je eine der Funktionen, etwa U_3 und V_3 gleich eins setzt, kann man in der folgenden Weise lösen. Differentiiert man sie partiell nach v, so erhält man:

---

[1]) Da es in der Anwendung, wie sich zeigen wird, nur auf das Verhältnis $\frac{U_3}{U_1}$, $\frac{U_2}{U_1}$ ankommt, so ist diese Bedingung beim Folgenden ohne Einfluß.

[2]) Sitzungsberichte der bayr. Akademie, math.-phys. Klasse. 1924.

$$(32)\quad V_1'(U_2'U_3-U_2U_3')+V_2'(U_1U_3'-U_1'U_3)+V_3'(U_1'U_2-U_1U_2')$$
$$+U_1(V_2'V_3-V_2V_3')'+U_2(V_1V_3'-V_1'V_3)'+U_3(V_1'V_2-V_1V_2')'=0$$

und hieraus durch nochmalige Differentiation nach v:

$$(33)\quad V_1''(U_2'U_3-U_2U_3')+V_2''(U_1U_3'-U_1'U_3)+V_3''(U_1'U_2-U_1U_2')$$
$$+U_1(V_2'V_3-V_2V_3')''+U_2(V_1V_3'-V_1'V_3)''+U_3(V_1'V_2-V_1V_2')''=0.$$

Durch Elimination findet man aus den Gleichungen (30), (32) und (33):

$$(34)\quad \begin{cases} U_1'U_2-U_1U_2'=a_1U_1+b_1U_2+c_1U_3, \\ U_1U_3'-U_1'U_3=a_2U_1+b_2U_2+c_2U_3, \\ U_2'U_3-U_2U_3'=a_3U_1+b_3U_3+c_3U_3, \end{cases}$$

wo die Koeffizienten a_i, b_i, c_i $(i = 1, 2, 3)$ als konstant betrachtet werden können.

In ganz analoger Weise findet man durch Differentiation nach u die entsprechenden Gleichungen für die Funktionen V:

$$V_1'V_2-V_1V_2'=m_1V_1+n_1V_2+p_1V_3,$$
$$V_1V_3'-V_1'V_3=m_2V_1+n_2V_2+p_2V_3,$$
$$V_2'V_3-V_2V_3'=m_3V_1+_3nV_2+p_3V_3.$$

Da die Gleichung (30) identisch erfüllt sein muß, so wird:

$$m_1=-c_3,\quad m_2=-b_3,\quad m_3=-a_3,$$
$$n_1=-c_2,\quad n_2=-b_2,\quad n_3=-a_2,$$
$$p_1=-c_1,\quad p_2=-b_1,\quad p_3=-a_1$$

und man erhält:

$$(35)\quad \begin{cases} V_1'V_2-V_1V_2'=-(c_3V_1+c_2V_2+c_1V_1), \\ V_1V_3'-V_1'V_3=-(b_3V_1+b_2V_2+b_1V_1), \\ V_2'V_3-V_2V_3'=-(a_3V_1+a_2V_2+a_1V_1). \end{cases}$$

Wir betrachten nun zunächst das Gleichungssystem (34). Führt man die neue Veränderliche

$$(36)\quad dU=\frac{du}{U_3}$$

ein und bezeichnen wir die Differentiationen nach dieser neuen Veränderlichen U wieder mit Strichen, so lassen sich die Gleichungen (34) so schreiben:

$$\xi'=-a_1-b_1\xi-c_1\eta,$$
$$\eta'=a_2+b'_2\xi+c_2\eta,$$
$$\xi'\eta-\xi\eta'=a_3+b_3\xi+c_3\eta,$$

wo zur Abkürzung gesetzt ist:

$$(37)\quad \xi=\frac{U_2}{U_1},\quad \eta=\frac{U_3}{U_1}.$$

Diese drei Gleichungen müssen zunächst widerspruchslos sein. Setzt man aus den beiden ersten die Werte für ξ', η' in die dritte ein, so erhält man:

$$(38)\quad c_1 \eta^2 + ((b_1 + c_2)\xi + a_1 + c_3)\eta + b_2 \xi^2 + (a_2 + b_3)\xi + a_3 = 0.$$

Wir haben nun die beiden Fälle $c_1 \neq 0$ und $c_1 = 0$ zu unterscheiden:

I. $c_1 \neq 0$.

Durch Auflösen der Gleichung (38) nach η erhält man:

$$(39)\quad \eta = \frac{-(b_1 + c_2)\xi - (a_1 + c_3) \pm \sqrt{A\xi^2 + 2B\xi + C}}{2c_1},$$

wo zur Abkürzung gesetzt ist:

$$(40)\quad A = (b_1 + c_2)^2 - 4b_2 c_1,\ B = (a_1 + c_3)(b_1 + c_2) - 2c_1(a_2 + b_3), \\ C = (a_1 + c_3)^2 - 4a_3 c_1.$$

Durch Differentiation nach ξ findet man aus (39):

$$(41)\quad \frac{d\eta}{d\xi} = \frac{A\xi + B \mp (b_1 + c_2)\sqrt{A\xi^2 + 2B\xi + C}}{2c_1\sqrt{A\xi^2 + 2B\xi + C}}.$$

Nun ist aber andererseits:

$$(42)\quad \frac{d\eta}{d\xi} = \frac{\eta'}{\xi'} = -\frac{a_2 + b_2\xi + c_2\eta}{a_1 + b_1\xi + c_1\eta}.$$

Durch Einsetzen seines Wertes für η aus (39) und Vergleich mit dem aus Gleichung (41) sich ergebenden Werte für $\frac{d\eta}{d\xi}$ erhält man für ξ die identische Gleichung:

$$(-(b_1+c_2)\sqrt{A\xi^2+2B\xi+C}+A\xi+B)((b_1-c_2)\xi+a_1-c_3+\sqrt{A\xi^2+2B\xi+C}) \\ = 2\sqrt{A\xi^2+2B\xi+C}\,(E+\xi D-c_2\sqrt{A\xi^2+2B\xi+C}),$$

wo wieder zur Abkürzung gesetzt ist:

$$D = c_2(b_1 + c_2) - 2b_2 c_1,\ E = c_2(a_1 + c_3) - 2a_2 c_1.$$

Macht man rational, so erhält man:

$$(A\xi^2 + 2B\xi + C)\,(B - 2E - (a_1 - c_3)(b_1 + c_2))^2, \\ = (\xi(B(b_1 - c_2) - (a_1 - c_3)A) - B(a_1 - c_3) + (b_1 - c_2)C)^2,$$

woraus durch Koeffizientenvergleichung folgt:

$$A(B - 2E - (a_1 - c_3)(b_1 + c_2))^2 = (B(b_1 - c_2) - (a_1 - c_3)A)^2 \\ B(B - 2E - (a_1 - c_3)(b_1 + c_2))^2 = (B(b_1 - c_2) - (a_1 - c_3)A) \\ (-B(a_1 - c_3) + (b_1 - c_2)C) \\ C(B - 2E - (a_1 - c_3)(b_1 + c_2))^2 = (-B(a_1 - c_3) + (b_1 - c_2)C)^2.$$

Die weitere Berechnung der Koeffizienten a, b, c ist für unsere Zwecke überflüssig. Es genügt, zu wissen, daß sechs von diesen 9 Konstanten willkürlich bleiben.

Ist also $c_1 \neq 0$, so besteht zwischen ξ und η eine lineare Beziehung von der Form:

$$\eta = k\,\xi + l, \tag{43}$$

wo k, l ganz beliebige Konstante sind.

II. $c_1 = 0$.

Ist $c_1 = 0$, so erhält man aus der Gleichung (38):

$$\eta = -\frac{b_2\,\xi^2 + (a_2 + b_3)\,\xi + a_3}{(b_1 + c_2)\,\xi + a_1 + c_3}. \tag{44}$$

Berechnet man hieraus $\frac{d\eta}{d\xi}$ und setzt den so erhaltenen Wert gleich dem aus (42) sich ergebenden, so erhält man für ξ die identische Gleichung:

$$\begin{aligned}(a_1 + b_1\,\xi)\,(b_2\,(b_1 + c_2)\,\xi^2 + 2\,b_2\,(a_1 + c_3)\,\xi + (a_2 + b_3)\,(a_1 + c_3) - a_3\,(b_1 + c_2))\\ = (b_1\,b_2\,\xi^2 + (a_2\,b_1 - b_3\,c_2 + b_2\,(a_1 + c_3))\,\xi + a_1\,a_2 + a_2\,c_3 - a_3\,c_2)\\ ((b_1 + c_2)\,\xi + a_1 + c_3).\end{aligned}$$

Da der Koeffizient von ξ^3 verschwindet, so erhält man drei Gleichungen für die 8 Koeffizienten a, b, c. Es bleiben also 5 willkürlich. Man kann also die in (44) auftretenden Koeffizienten b_2, $a_2 + b_3$, a_3, $b_1 + c_2$, $a_1 + c_3$ als willkürliche Konstanten betrachten und also setzen:

$$\eta = k_1\,\xi + k_2 + \frac{k_3}{k_4\,\xi + k_5}, \tag{45}$$

wo k_1, k_2, k_3, k_4, k_5 beliebig zu wählende Konstante bedeuten. Ist $k_4 = 0$, so erhalten wir wie im Falle $c_1 \neq 0$ eine lineare Beziehung.

Ausgeschlossen ist in dem Vorhergehenden der Fall, daß außer $c_1 = 0$ gleichzeitig auch $b_1 + c_2 = 0$, $a_1 + c_3 = 0$ ist. In diesem Falle wird sowohl ξ als η einen konstanten Wert annehmen.

Ganz Analoges erhält man für das System (35), so daß wir also sagen können:

Sind U_1, U_2, U_3 Lösungen des Systems (34) und V_1, V_2, V_3 Lösungen des Systems (35), so besteht zwischen je zwei Quotienten $\frac{U_2}{U_1}$, $\frac{U_3}{U_1}$ und $\frac{V_2}{V_1}$, $\frac{V_3}{V_1}$ die Beziehung (43) oder (45) oder sind je beide konstant.

Dabei mag bemerkt werden, daß sich die Beziehung (44) nicht ändert, wenn man zum System (35) übergeht. Die Beziehung (45) ist also für beide Systeme dieselbe mit denselben Konstanten k_1, k_2, k_3,

k_4, k_5. Setzen wir nun in die Gleichungen (25) für $\cos\alpha$, $\cos\beta$, $\cos\gamma$, $\cos\lambda$, $\cos\mu$, $\cos\nu$ ihre Werte aus (29) ein, so erhalten wir:

$$(46)\quad \begin{cases} x\,U_3 + y\,U_2 + z\,U_1 + \cos\vartheta\,(x\,V_3 + y\,V_2 + z\,V_1) = 0, \\ (x\,U_3 + y\,U_2 + z\,U_1)\cos\vartheta + x\,V_3 + y\,V_2 + z\,V_1 = 0, \end{cases}$$

und daher:

$$(47)\quad \begin{cases} x\,U_3 + y\,U_2 + z\,U_1 = 0, \\ x\,V_3 + y\,V_2 + z\,V_1 = 0. \end{cases}$$

Besteht nun zwischen $\frac{U_3}{U_1}$, $\frac{U_2}{U_1}$ und $\frac{V_3}{V_1}$, $\frac{V_2}{V_1}$ die Beziehung (43), so bilden sowohl die Kurven $u = \text{const.}$ wie $v = \text{const.}$ ein Büschel, das für $k_4 = 0$ (in Gl. (45)) für beide ein und dasselbe ist. Dieser Fall scheidet aber aus, da ja dann kein Netz vorhanden ist[1]).

Ist aber $c_1 \neq 0$, so ändert E beim Übergang zu dem System (35) seinen Wert. Es geht dann in (43) k in einen Wert k' über, während l unverändert bleibt. So erhält man:

$$(48)\quad \begin{cases} \frac{U_3}{U_1} = k\,\frac{U_2}{U_1} + l, \\ \frac{V_3}{V_1} = k'\,\frac{V_2}{V_1} + l. \end{cases}$$

Wir erhalten also zwei verschiedene Büschel.

Tritt aber die Beziehung (45) ein, so daß $k_4 \neq 0$ ist, so erhalten wir als Enveloppe sowohl für die Kurven $u = \text{const.}$ als $v = \text{const.}$ ein und dieselbe Kurve; diese wird aus der Kugel ausgeschnitten durch den Ursprungskegel 2. Ordnung:

$$a_{11}\,x^2 + 2\,a_{12}\,x\,y + a_{22}\,y^2 + 2\,a_{13}\,x\,z + 2\,a_{23}\,y\,z + a_{33}\,z^2 = 0.$$

Wir erhalten somit den auch von Herrn Perron[2]) bewiesenen Satz:

Zwei Scharen von größten Kreisen auf einer Kugel bilden ein rhombisches Netz, wenn sie entweder zwei verschiedene Büschel bilden oder identisch sind und ein und dieselbe Kurve umhüllen, die durch einen Kegel zweiter Ordnung mit der Spitze im Mittelpunkt der Kugel aus derselben ausgeschnitten wird.

§ 4.

Die Pseudosphäre.

Die Gleichung der Pseudosphäre ist:

$$(49)\qquad z = a \lg \frac{a + \sqrt{a^2 - x^2 - y^2}}{\sqrt{x^2 + y^2}} - \sqrt{a^2 - x^2 - y^2}$$

---

[1]) Dasselbe gilt auch von dem Fall, daß $\frac{U_2}{U_1}$, $\frac{U_3}{U_1}$, $\frac{V_2}{V_1}$, $\frac{V_3}{V_1}$ gleichzeitig konstant sind.

[2]) l. c. S. 174.

Die Gleichungen (23) lauten also:

$$(50)\quad \begin{cases} x\cos\alpha + y\cos\beta + \dfrac{r^2}{\sqrt{a^2-r^2}}\cos\gamma = 0, \\ x\cos\lambda + y\cos\mu + \dfrac{r^2}{\sqrt{a^2-r^2}}\cos o = 0, \end{cases}$$

wo gesetzt ist:

$$r^2 = x^2 + y^2.$$

Es wird also, wenn σ einen gewissen Faktor bedeutet:

$$(51)\quad \begin{cases} x = \sigma(\cos\beta\cos\nu - \cos\gamma\cos\mu), \\ y = \sigma(\cos\lambda\cos\gamma - \cos\alpha\cos\nu). \end{cases}$$

In ganz analoger Weise wie im vorigen Falle der Kugel — es tritt nur an Stelle von $\dfrac{r}{\sin\vartheta}$ der Faktor σ — findet man aus den Gleichungen:

$$x_u\cos\beta - y_u\cos\alpha = 0,\ x_v\cos\mu - y_v\cos\lambda = 0:$$

$$(52)\quad \begin{cases} \sigma\cos\nu - \sigma\cos\gamma\cos\vartheta = \dfrac{1}{V_0}, \\ \sigma\cos\gamma - \sigma\cos\nu\cos\vartheta = \dfrac{1}{U_0}, \end{cases}$$

wo V_0 eine willkürliche Funktion nur von v, U_0 eine solche nur von u ist. Durch Elimination erhält man aus (52):

$$(53)\quad \sigma\cos\gamma = \frac{U_0\cos\vartheta + V_0}{U_0 V_0 \sin^2\vartheta},\quad \sigma\cos\nu = \frac{V_0\cos\vartheta + U_0}{U_0 V_0\sin^2\vartheta}.$$

Setzt man diese Werte in (51) ein, so ergibt sich:

$$(54)\quad \begin{cases} x = \dfrac{1}{U_0 V_0\sin^2\vartheta}\left((V_0\cos\vartheta + U_0)\cos\beta - (U_0\cos\vartheta + V_0)\cos\mu\right), \\ y = \dfrac{1}{U_0 V_0\sin^2\vartheta}\left((U_0\cos\vartheta + V_0)\cos\lambda - (V_0\cos\vartheta + U_0)\cos\alpha\right). \end{cases}$$

Durch eine leichte Rechnung findet man hieraus mittels der Gleichungen (13):

$$(55)\quad \begin{cases} xy_u - yx_u = (F-\Phi)(x\cos\beta - y\cos\alpha) = \quad (F-\Phi)\,\dfrac{1}{V_0}, \\ xy_v - yx_v = (F-\Phi)(x\cos\mu - y\cos\lambda) = -(F-\Phi)\,\dfrac{1}{U_0}. \end{cases}$$

Ist nun ∂s das Längenelement der Kurve $v = \text{const.}$, so wird

$$\partial s = (F-\Phi)\,\partial u;$$

setzt man:

$$x = r\cos\varphi,\quad y = r\sin\varphi,$$

so wird:

$$xy_u - yx_u = r^2\frac{\partial\varphi}{\partial u}$$

und folglich nach der ersten Gleichung (55):

$$r^2 \frac{\partial \varphi}{\partial s} = \frac{1}{V_0}. \tag{56}$$

Nun ist:

$$\partial s^2 = \frac{a^2}{r^2} \partial r^2 + r^2 \partial \varphi^2;$$

so erhält man aus (56):

$$\frac{\partial \varphi}{\partial r} = \frac{a}{r^2 \sqrt{r^2 V_0^2 - 1}}$$

und hieraus schließlich durch Integration:

$$\varphi = a V_0 \sqrt{1 - \frac{1}{(r V_0)^2}} + a V_1, \tag{57}$$

wo V_1 ebenfalls eine Funktion nur von v ist.

In gleicher Weise findet man aus der zweiten Gleichung (54):

$$\varphi = -a U_0 \sqrt{1 - \frac{1}{(r U_0)^2}} + a U_1. \tag{58}$$

Aus den beiden Gleichungen (57) und (58) erhält man nun:

$$\frac{1}{r^2} = \frac{-(V_0^2 - U_0^2)^2 - (V_1 - U_1)^4 + 2(V_0^2 + U_0^2)(V_1 - U_1)^2}{4(U_1 - V_1)^2}, \tag{59}$$

während man aus den Gleichungen (54) findet:

$$\frac{1}{r^2} = \frac{U_0^2 V_0^2 \sin^2 \vartheta}{V_0^2 + U_0^2 + 2 U_0 V_0 \cos \vartheta}.$$

Durch Gleichsetzen der rechten Seite dieser Gleichung mit der von (51) erhält man eine quadratische Gleichung für $\cos \vartheta$, aus der sich die beiden Werte ergeben:

$$\left\{ \begin{aligned} \cos \vartheta_1 &= \frac{(V_1 - U_1)^2 - (V_0^2 + U_0^2)}{2 U_0 V_0} \\ \cos \vartheta_2 &= \frac{(V_0^2 - U_0^2)^2 - (V_0^2 + U_0^2)(V_1 - U_1)^2}{2 U_0 V_0 (V_1 - U_1)^2}. \end{aligned} \right. \tag{60}$$

Nun ist nach den Gleichungen (13):

$$\cos \nu \cdot z_u = \cos \gamma \, z_v.$$

Daher wird auch:

$$\cos \nu \cdot \frac{\partial}{\partial u}\left(\frac{1}{r^2}\right) = \cos \gamma \frac{\partial}{\partial v}\left(\frac{1}{r^2}\right).$$

oder nach den Gleichungen (53):

$$(V_0 \cos \vartheta + U_0) \frac{\partial}{\partial u}\left(\frac{1}{r^2}\right) = (U_0 \cos \vartheta + V_0) \frac{\partial}{\partial v}\left(\frac{1}{r^2}\right).$$

Setzt man für $\frac{1}{r^2}$ seinen Wert aus (59) ein, so erhält man für jeden der beiden Werte von $\cos\vartheta$ der Gleichungen (60) die folgende Funktionalgleichung:

$$V_0[(V_0^2 - U_0^2 - (V_1 - U_1)^2)\,U_1' - 2\,(V_1 - U_1)\,U_0\,U_0'],$$
$$= U_0[-(V_0^2 - U_0^2 + (V_1 - U_1)^2\,V_1' + 2\,(V_1 - U_1)\,V_0\,V_0'].$$

Durch Einführen der neuen Größen:

$$d\,U = \frac{du}{U_0},\ d\,V = \frac{dv}{V_0},$$
$$U_2 = U_0^2 - U_1^2,\ V_2 = V_0^2 - V_1^2$$

erhält man hieraus schließlich die einfache Funktionalgleichung:

$$U_1'\,V_2 - U_2'\,V_1 - U_1'\,U_2 + U_1\,U_2' = -\,U_2\,V_1' + U_1\,V_2' - U_1\,V_2' + V_1\,V_2'.$$

Ersetzt man in dieser Gleichung noch U_1, U_2, V_1, V_2 bzw. durch $\frac{U_1}{U_3}$, $\frac{U_2}{U_3}$, $\frac{V_1}{V_3}$, $\frac{V_2}{V_3}$, so erhält man hieraus die Funktionalgleichung (30).

Aus den Gleichungen (57) und (58) kann man nun leicht auf den Verlauf der Scharen $u = \text{const.}$ und $v = \text{const.}$ schließen. Durch Quadrieren erhält man nämlich:

$$2\,a\,\varphi\,r^2\,U_1 - a^2\,r^2\,U_2 + (a^2 + r^2\,\varphi^2)\,U_3 = 0$$
$$2\,a\,\varphi\,r^2\,V_1 - a^2\,r^2\,V_2 + (a^2 + r^2\,\varphi^2)\,V_3 = 0.$$

Diese Gleichungen gehen aus den Gleichungen (47) hervor, wenn man x, y, z bzw. durch $a^2 + r^2\varphi^2$, $-a^2 r^2$, $2a\,r^2\varphi$ ersetzt. Man erhält also den auch von Herrn PERRON[1]) abgeleiteten Satz:

Zwei Scharen geodätischer Linien bilden auf der Pseudosphäre ein rhombisches Netz, wenn sie entweder zwei verschiedene Büschel bilden oder identisch sind und dieselbe Kurve

$$a_{11}\,(a^2 + r^2\,\varphi^2)^2 - 2\,a_{12}\,a^2\,r^2\,(a^2 + r^2\,\varphi^2) + a_{22}\cdot a^4\,r^4$$
$$+\,4\,a_{13}\,a\,(a^2 + r^2\,\varphi^2)\,r^2\,\varphi - 4\,a_{23}\,a^3\,r^4\,\varphi + 4\,a_{33}\,a^2\,r^4\,\varphi^2 = 0$$

umhüllen.

§ 5.

Die Flächen konstanter Krümmung im allgemeinen.

Ist auch die Frage nach den rhombischen geodätischen Netzen auf den Flächen konstanter Krümmung durch die bereits behandelten Fälle der Ebene, der Kugel und der Pseudosphäre wegen der Verbiegungsmöglichkeit einer jeden anderen Fläche in eine jener speziellen vollständig beantwortet, so mag trotzdem die folgende allgemeine Betrachtung nicht ganz wertlos sein. Sie wird nämlich die direkte Be-

[1]) Vgl. l. c. S. 177.

stimmung der Funktionen F, Φ für alle Flächen konstanter Krümmung ermöglichen.

Setzt man in die Weingartensche Formel für das Krümmungsmaß ($e = g$ vorausgesetzt):

$$k = -\frac{1}{2\sqrt{e^2 - f^2}}\left[\frac{\partial}{\partial u}\left(\frac{1}{\sqrt{e^2 - f^2}}\left(\frac{\partial}{\partial u} e - \frac{\partial}{\partial v} f\right)\right) + \frac{\partial}{\partial v}\left(\frac{1}{\sqrt{e^2 - f^2}}\left(\frac{\partial}{\partial v} e - \frac{\partial}{\partial u} f\right)\right)\right]$$

für e, f die Werte:

$$e = (F - \Phi)^2, \; f = F^2 - \Phi^2$$

ein, so erhält man für F, Φ die Funktionalgleichung:

$$-2k = \frac{1}{\sqrt{F\Phi(F-\Phi)}}\left[\frac{\partial}{\partial u}\left(\frac{F\Phi' + F'\Phi}{\sqrt{F\Phi(F-\Phi)}}\right) + \frac{\partial}{\partial v}\left(\frac{F'\Phi - F\Phi'}{\sqrt{F\Phi(F-\Phi)}}\right)\right],$$

wobei die Akzente wieder Differentiationen noch $u + v$ bzw. $u - v$ bedeuten. Durch Ausrechnen erhält man hieraus:

$$(61) \quad -k(F-\Phi)^3 = F'' - \tfrac{3}{2}\frac{F'^2}{F} - \Phi'' + \tfrac{3}{2}\frac{\Phi'^2}{\Phi} + F\left(\frac{\Phi''}{\Phi} - \tfrac{1}{2}\frac{\Phi'^2}{\Phi}\right) - \Phi\left(\frac{F''}{F} - \tfrac{1}{2}\frac{F'^2}{F}\right).$$

Schreibt man nun zur Abkürzung:

$$P = F'' - \tfrac{3}{2}\frac{F'^2}{F} + kF^3, \quad Q = \frac{F''}{F} - \tfrac{1}{2}\frac{F'^2}{F^2} + 3kF^2,$$

$$R = -\Phi'' + \tfrac{3}{2}\frac{\Phi'^2}{\Phi} - k\Phi^3, \quad S = \frac{\Phi''}{\Phi} - \tfrac{1}{2}\frac{\Phi'^2}{\Phi^2} + 3k\Phi^2,$$

so lautet die Gleichung (61):

$$(62) \qquad P + R + FS - \Phi Q = 0.$$

Differentiiert man diese Gleichung nach $u + v$ bzw. nach $u - v$, so findet man hieraus:

$$P = a + bF, \quad R = c + d\Phi,$$
$$Q = a_1 + b_1 F, \; S = c_1 + d_1 \Phi,$$

wo die Größen $a, a_1, b, b_1, c, c_1, d, d_1$ als konstant angenommen werden können. Wir erhalten also:

$$(63) \quad \begin{cases} F'' - \tfrac{3}{2}\frac{F'^2}{F} + kF^3 = a + bF, \; \frac{F''}{F} - \tfrac{1}{2}\frac{F'^2}{F^2} + 3kF^2 = a_1 + b_1 F, \\ -\Phi'' + \tfrac{3}{2}\frac{\Phi'^2}{\Phi} - k\Phi^3 = c + d\Phi, \; \frac{\Phi''}{\Phi} - \tfrac{1}{2}\frac{\Phi'^2}{\Phi_2} + 3k\Phi^2 = c_1 + d_1\Phi. \end{cases}$$

Diese Gleichungen dürfen sich zunächst nicht widersprechen. Aus den beiden ersten erhält man durch Elimination:

$$F'^2 = -aF + (a_1 - b)F^2 + b_1 F^3 - 2kF^4,$$
$$2F'' = -a + (3a_1 - b)F + 3b_1 F^2 - 8kF^3.$$

Hieraus ergibt sich durch Differentiation der ersten Gleichung und Vergleichung mit der zweiten:

$$a_1 = -b.$$

In ganz derselben Weise findet man:

$$c_1 = d.$$

Endlich erfordert das Erfülltsein der Gleichung (62):

$$d_1 = b_1, \quad a = -c, \quad c_1 = -b, \quad d = a_1.$$

Man zeigt nun leicht, daß die so erhaltenen sechs Beziehungen zwischen den Koeffizienten a, b, c, d nicht unabhängig voneinander sind. Denn aus:

$$b = -a_1, \; c_1 = d; \; d = a_1$$

folgt:

$$c_1 = -b.$$

Es bleiben also drei Konstanten, etwa a, b, b_1, willkürlich und wir erhalten:

$$F'' - \tfrac{3}{2}\frac{F'^2}{F} + kF^3 = a + bF, \quad F'' - \tfrac{1}{2}\frac{F'^2}{F} + 3kF^3 = -bF + b_1F^2,$$

$$\Phi'' - \tfrac{3}{2}\frac{\Phi'^2}{\Phi} + k\Phi^3 = a + b\Phi, \quad \Phi'' - \tfrac{1}{2}\frac{\Phi'^2}{\Phi} + 3k\Phi^3 = -b\Phi + b_1\Phi^2.$$

Somit ergeben sich für F und Φ die Differentialgleichungen:

$$(64) \qquad \begin{cases} F'^2 = -aF - 2bF^2 + b_1F^3 - 2kF^4, \\ \Phi'^2 = -a\Phi - 2b\Phi^2 + b_1\Phi^3 - 2k\Phi^4. \end{cases}$$

Hieraus bestimmen sich F, Φ als elliptische Funktionen von $u+v$ bzw. $u-v$ und es bilden dann die beiden Kurvenscharen[1]):

$$\int\frac{dF}{\sqrt{(F+\gamma)(-a-2bF+b_1F^3-2kF^4)}} + \int\frac{d\Phi}{\sqrt{(\Phi-\gamma)(-a-2b\Phi+b_1\Phi^3-2k\Phi^4)}} = \text{const.},$$

wo γ eine willkürliche Konstante ist, ein geodätisches rhombisches Netz.

---

[1]) Vgl. dazu A. Voss, l. c. Sitzungsberichte d. bayr. Akad. 1906 S. 269f.

Im Verlag von Walter de Gruyter & Co. vormals G. J. Göschen'sche Verlagshandlung — J. Guttentag, Verlagsbuchhandlung — Georg Reimer — Karl J. Trübner — Veit & Comp., Berlin erschienen

Abteilung A. Mathematisch-physikalische Wissenschaften.

Jahrgang 1922.

1. PERRON, OSKAR. Neue Summationsmethoden und Entwicklungen nach Polynomen. Reichsmark 0·30
2. PERRON, OSKAR. Über transzendente Funktionen auf RIEMANNschen Flächen Reichsmark 0·60
3. BALDUS, RICHARD. Über die singulären Punkte reeller Parameterkurven. Reichsmark 0·50

Jahrgang 1923.

1. DEECKE, W. Mitteleuropäische Meeresströmungen der Vorzeit. Reichsmark 0·60
2. LIEBMANN, HEINRICH. Die LIE'sche Cyklide und die Inversionskrümmung. Reichsmark 0·40
3. PERRON, OSKAR. Über Gleichungen ohne Affekt. Reichsmark 0·40
4. LIEBMANN, HEINRICH. Beiträge zur Inversionsgeometrie III. Reichsmark 0·40
5. KRATZERT, J. Beitrag zur Kenntnis des Andesins von Bodenmais. Reichsmark 0·50

Jahrgang 1924.

1. TH. CURTIUS und A. BERTHO. Einwirkung von Stickstoffkohlenoxyd und von Stickwasserstoffsäure unter Druck auf aromatische Kohlenwasserstoffe. Reichsmark 0·50
2. LIEBMANN, HEINRICH. Umkehrung des Variationsproblems der ebenen Affingeometrie. Reichsmark 0·60
3. SALOMON, WILHELM. Die Intensitäten alluvialer und diluvialer geologischer Vorgänge und ihre Einwirkung auf die pliocäne Rumpffläche des Kraichgaues und Odenwaldes. Reichsmark 1·20
4. HEFFTER, L. Zur absoluten Geometrie. Reichsmark 0·60
5. VAN WERVEKE, L. Über die Entstehung der lothringischen Lehme und des mittelrheinischen Lößes. Reichsmark 1·50
6. KRULL, WOLFGANG. Die verschiedenen Arten der Hauptidealringe. Reichsmark 0·50
7. ROESER, ERNST. Übergang von der nichteuklidischen Streckentrigonometrie zur Winkelmessung. Reichsmark 0·30
8. WELLSTEIN, JULIUS. Zur Differentialgeometrie der isotropen Kurven. Reichsmark 1·50

9. Ewald, Rudolf. Die geodynamischen Erscheinungen des krystallinen Odenwaldes als Beispiel einer geoisostatischen Ausgleichsschwingung. Reichsmark 1·50
10. Voelcker, Ilse. Über eine ganz junge Verwerfung bei Rauenberg im Kraichgau. Reichsmark 0·30
11. Liebmann, Heinrich. Die Aufschließung von Differentialinvarianten. Reichsmark 0·50

Abteilung B. Biologische Wissenschaften.

Jahrgang 1923.

1. Kossel, A. und R. E. Gross. Über die Darstellung und quantitative Bestimmung des Arginins. Reichsmark 0·30

Von Jahrgang 1925 ab findet die Trennung in Abteilung A und B nicht mehr statt.

Jahrgang 1925.

1. Heffter, Lothar. Zur absoluten Geometrie II. Reichsmark 0·50
2. Roeser, Ernst. Die komplementären Figuren der nichteuklidischen Ebene. Reichsmark 0·50
3. Fladt, Kuno. Neuer Beweis für die Zuordnung von rechtwinkligem Dreieck und Spitzeck in der hyperbolischen Elementargeometrie. Reichsmark 0·30
4. Salomon, Wilhelm. Beobachtungen über Harnische. Reichsmark 0·70
5. Loewy, A. Beiträge zur Algebra. 1—4. Reichsmark 1·—
6. Hellpach, Willy. 2. Mitteilung zur Physiognomik der deutschen Volksstämme. Reichsmark 0·30
7. Loewy, Alfred. Neue elementare Begründung und Erweiterung der Galoisschen Theorie. Reichsmark 2·—
8. Curtius, Theodor und Bertho, Alfred. Einwirkung von Stickstoffkohlenoxyd und von Stickstoffwasserstoffsäure unter Druck auf aromatische Kohlenwasserstoffe. Reichsmark 0·40
9. Roeser, Ernst. Die gnomonische Projektion in der hyperbolischen Geometrie. Reichsmark 0·70
10. Rasch, G. Uber die Ausnützung der Gezeiten des Meeres zur Energiegewinnung. Reichsmark 0·80
11. Salomon, Wilhelm. Magmatische Hebungen. Reichsmark 1.20
12. Pütter, A. Altersbestimmungen an Drachenbäumen von Tenerife. Reichsmark 0·90
13. Volk, Otto. Über geodätische rhombische Kurvennetze auf krummen Flächen, insbesondere auf Flächen konstanter Krümmung. Reichsmark 1.10

Abhandlungen der Heidelberger Akademie der Wissenschaften

Mathematisch-naturwissenschaftliche Klasse

Abteilung A

12. Mohr, Ernst. Über den Zusammenhang zwischen der Struktur und den morphologischen Merkmalen des Diamanten. 1924. Reichsmark 3·50

Druck: Hermann Böhlaus Nachfolger Hof-Buchdruckerei G. m. b. H. Weimar.

FSC
www.fsc.org
MIX
Papier | Fördert gute Waldnutzung
FSC® C083411

Zeitfracht Medien GmbH
Ferdinand-Jühlke-Straße 7
99095 Erfurt, Deutschland
produktsicherheit@kolibri360.de